KB263220

전통한옥과 자연의 조화

발행일 : 2025년 08월 15일
출판사 : 하랑출판
주   소 : 서울시 중구 퇴계로28길 8
전   화 : 02-2263-3337

전통한옥과 자연의 조화

발행일 : 2025년 08월 15일
출판사 : 하랑출판
주   소 : 서울시 중구 퇴계로28길 8
전   화 : 02-2263-3337

목　　　차

향 교

내삼문에서 본 대성전
The view of Taeseongcheon Hall from Naesammun Gate

광주향교 정문
Entrance Gate

▶ 광주향교
Kwangchu Hyangkyo Educational Institution

◀ 광주향교 대성전
Taeseongcheon Hall of Kwangchu Hyangkyo

　대성전을 중심으로 좌우에 동무와 서부가 위치한 전
학후묘형 배치이다.

대성전 측면
The side view of Taeseongcheon

대성전
Taeseongcheon Hall

대성전은 정면 3칸, 측면 3칸의 맞배지붕으로 전면
1칸은 제례를 위한 개방공간으로 전퇴개방형이다.

서재
Seochae Hall

서재는 정면 4칸, 측면 2칸으로 전면의 마루와 후면
의 방으로 구성되어 있다.

명륜당
Meongryuntang Hall

명륜당은 정면 8칸, 측면 2칸의 마루로 되어 있다.

지경문(持敬門)
Chikeongmun Gate

　정문인 지경문은 정면 3칸, 측면 2칸의 2층 문루로
서 1층에 정문이 있고 2층에는 누각이 있다.

명륜당
Meongryuntang Hall

명륜당은 정면 5칸, 측면 3칸의 팔작지붕 건물로 1
단의 기단위에 자연석 주초를 놓고 기둥을 세웠다.

대성전
Taeseongcheon Hall

　대성전은 정면 3칸, 측면 3칸의 팔작지붕 건물로 전
면 1칸은 제례를 위하여 개방되어 있다.

공주향교
Konchu Hyangkyo Educational Institution

대성전 현판

대성전 공포
Detail of column top ornanmentation of Taeseongcheon Hall

이익공양식으로 되어 있다.

기둥 하부
Column and base of Taeseongcheon Hall

잘 다듬어진 화강석 방형 주초위에 원형 기둥이 서 있다.

명륜당
Meongryuntang Hall

  정교하게 가공된 화강암 기단위에 정면 5칸, 측면 2
칸의 팔작지붕 건물이다.

처마 상세
Detail of eaves

동무
Tongmu Hall

동무는 정면 3칸, 측면 2칸의 건물로 전면 1칸은 개
방되어 있다.

내삼문과 명륜당 사이의 공간
Naesammun Gate to Meongryuntang Hall

담장상세
Detail of wall

명륜당 후면의 강학공간
The rear side view of Meongryuntang Hall

명륜당 후면에 동재와 서재가 강학공간을 형성하고
있다.

◀강릉향교
강원도 강릉시 교동, 15세기 중건
대성전 보물 214호
Kangreung Hyangkyo Educational Institution
Taeseongcheon Hall Treasure No. 214

강릉향교는 고려 충선왕 5년에 창건하여 조선 태종
11년에 소실되었다. 이후 태종 13년에 중수하여 현재
에 이르고 있다. 강릉향교는 나주향교, 장수향교와 더
불어 우리나라 3대 향교로 일컬어 진다.

명륜당 근역
Meongryuntang Hall and court

내삼문뒤에 대성전이 위치하고 있으며 내삼문 전면
에는 강학공간이 형성되어 있다.

대성전
Taeseongcheon Hall

　대성전은 정면 3칸, 측면 3칸의 맞배지붕 건물이다.
전면 1칸은 개방하여 세향공간으로 이용하고 있는 전
퇴개방형이다.

대성전 전경
Taeseongcheon Hall

대성전 전면의 제향공간
Taeseongcheon Hall and court

대성전을 중심으로 동무와 서무가 제향공간을 형성
하고 있다.

대성전 공포
Detail of column top ornanmentation of Taeseongcheon Hall

　공포는 주심포계를 이루면서 익공계 부재들이 혼합되
어 있다. 주두위에 놓인 벽부두공(壁付頭工)과 헛첨차의
단부(端部) 초각(草刻)이 쌍 S자형으로 되어 있다.

대성전 전면 기둥
Column and base of Taeseongcheon Hall

화강석 주초위에 세워진 기둥에는 배흘림 기법이 보인다.

대성전 측면의 정료대
Flatform and Cheongryotae of Taeseongcheon Hall

제향시 광솔가지나 기름을 태워 불을 밝힌다.

명륜당 정면의 하마비
Hamapi stone

명륜당 전면 돌계단
Stairs of Meongryuntang Hall

화강암 장대석으로 축조하였다.

▶ 명륜당
Meongryuntang Hall

　명륜당은 정면 5칸, 측면 3칸의 건물로 좌우 정면 1
칸, 측면 2칸은 온돌방인 협실이 있으며 중앙에는 마루
구조의 대청으로 되어 있다.

◀ 동재
Tongchae Hall

내삼문에서 본 대성전
Taeseongcheon Hall

김제향교 대성전
Taeseongcheon Hall

    대성전은 잘 다듬어진 4단의 화강암 기단위에 정면
3칸, 측면 3칸의 맛배지붕 건물이다.

김제향교
전북 김제
Kimchae Hyangkyo Educational Instisution

대성전 처마
Detail of column top ornanmnetation of Taeseongcheon Hall

처마는 겹처마로 되어 있으며 공포는 이익공 양식
이다.

명륜당 내부

Inside of Meongryuntang Hall

명륜당은 마루 바닥에 연등천정으로 되어 있으며 현
재는 학문 교육장으로 사용되고 있다.

명륜당은 정면 5칸, 측면 3칸의 맞배지붕 건물이다.

나주향교
전남 금성시 교동
대성전 보물 394호
Nachu Hyangkyo Educational Institution
Taeseongcheon Hall Treasure No. 394

대성전은 정면 5칸, 측면 4칸의 팔작지붕 형태이며 전면에는 제례에 적합하도록 퇴간을 두었다. 나주향교 대성전은 서울 문묘, 장수향교, 강릉향교와 더불어 우리나라에서 가장 큰 규모에 속한다.

나주향교 대성전 측면
The side view of Taeseongcheon Hall

대성전 정면 돌계단
The stone stair of Taeseongcheon Hall

대성전 우주의 공포
Detail of column top ornanmentation of Taeseongcheon Hall

　공포는 주심포양식이다. 우설(牛舌)의 형태는 익공
양식처럼 변해 있으며 기둥과 기둥 사이의 창방위에는
화반이 있다.

대성전 주초와 기둥
Detail of column and base

주초는 2단의 원형으로 그 위에는 복련장식이 되어
있다. 주초위에는 기둥이 세워져 있는데 배흘림 기법
이 보인다.

명륜당
Myeongryuntang Hall of Nachu Hyangkyo

명륜당은 본랑(本廊)과 좌우의 익사(翼舍)로 구성되
어 있다. 본랑은 정면 3칸, 측면 3칸의 맛배지붕 건물
이다. 명륜당의 정면에는 좌우에 동재와 서재가 위치
하면서 중앙에 강학공간을 형성하고 있다.

약육제
Yakyukchae Hall

대구향교
Taeku Hyangkyo Educational Institution

　대구향교는 조선 태조 7년 교동에 초창되었으나 정
종 2년과 인진왜란 때 소실되었다. 이후 선조 때 중건
하였다가 1932년 현재의 위치로 이건하였다.

명륜당
Meongryuntang Hall and court

서재 상세
Detail of Seochae Hall

정문
Entrance Gate

대성전
Taeseongcheon Hall

대성전
Taeseongcheon Hall

대성전은 정면 3칸, 측면 3칸의 맞배지붕 건물이다.
전면 중앙칸과 양협칸은 쌍여닫이 골판문을 달고 양협
간에는 붙박이 광창을 달았다.

대구향교 대성전 공포
Detail of column top ornanmentation of Taeseongcheon Hall

　창방과 평방위에 주두를 얹고 내외 2출목의 다포계
양식이다.

대성전 측면 상세
The side view of Taeseongcheon Hall

동래향교 명륜당 대청
Inside of Meongryuntang Hall

명륜당은 좌우에 방이 있고 중앙 3칸은 대청이다.

동래향교
Tonhrae Hyangkyo Educational Institution

명륜당 처마
Detail of column top ornanmentation of
Meongryuntang Hall

1출목 이익공양식이다.

명륜당 대청 기문(記文)
Detail of Meongryuntang Hall

동래향교는 상량문과 기문을 통하여 19세기 조영직
제를 알 수 있다.

내삼문과 대성전
Naesammun Gate and Taeseongcheon Hall

    담으로 이루어진 사이에 내삼문이 위치하고 있고 그 안에는 대성전이 있다.

내삼문과 대문
Naesammun Gate

대성전 일곽
Taeseongcheon Hall and court

대성전을 중심으로 좌우에 동무와 서무가 위
치하여 제향공간을 형성하고 있다.

우주의 초석은 장대석을 가공하여 길게 세우고 평주
의 초석은 낮게 하였다.

명륜당 우측면의 비
Stone monuments

반화루 초석
The base of Panhwaru Pavilion

우주의 초석은 장대석을 가공하여 길게 세우고 평주
의 초석은 낮게 하였다.

반화루 처마
Detail of column top ornanmentation of Panhwaru Pavilion

반화루의 처마는 겹처마이고 공포는 이익공양식이다.

만경향교
전북 김제
Mankyeong Hyangkyo Educational Institution

　만경향교는 조선 태종 7년에 초창되어 광해군 때 화
재로 소실되었던 것을 인조 15년에 현재의 위치에 중
건하였다.

진입부
Entrance Gate

대성전
The view of Taeseongcheon Hall

대성전 처마 상세
Detail of roof

주간 목구조 상세
Detail of wooden structure

밀양향교
경남 밀양
Miryang Hyangkyo Educational Institution

　밀양향교는 고려때 초창되어 1602년 현재의 위치에
대성전을 중창하였다. 향교의 위치는 주산을 배경으로
손씨의 집성마을 막다른 골목에 위치해 있다.

명륜당 내부
Inside of Meongryuntang Hall

명륜당의 내부구조는 5량 가구로 되어 있다.

명륜당 대청 상부
Inner deatil of Meongryutang Hall

명륜당 대청 모서리
Detail of ceiling of Meongryutang Hall

　　명륜당의 상부 구석에 정(井)자형 천정을 만들고 그
안에 향안궤를 보관하고 있다.

풍화루 정면
The front view of Punghwaru Pavilion

풍화루 루하 계단
The stair of Punghwaru Pavilion

우주 공포
Detail of column top ornanmentation of Meongryuntang Hall

공포는 이익공 양식으로 되어 있다.

풍화루(風化樓)
Punghwaru Pavilion

정문 누각인 풍화루는 정면 3칸, 측면 2칸의 2층 누
각건물이다.

서재 전경
The view of Seochae Hall

서재 측면
The side view of Seochae Hall

풍화루 루하 공간
The under space of Punghwaru Pavilion

안동향교 명륜당
Meongryuntang Hall

안동향교
 Antong Hyangkyo Educational Institution

서재
Seoche Hall

육의루
Yukyiru Pavilion

육의루 측면 전경
The side view of Yukyiru Pavilion

안성향교

Anseong Hyangkyo Educational Institution

　조선 중종 27년에 창건된 안성향교는 정문에 11칸
의 풍화루(風化樓)가 있다.

안성향교 내삼문
Naesammun Gate

대성전
Taeseongcheon Hall

　높은 장대석 기단위에 세워진 대성전은 정면 3칸,
측면 2칸의 팔작지붕 건물이다.

명륜당 내부
Inside of Meongryuntang Hall

　명륜당은 정면 5칸, 측면 2칸으로 중앙 3칸은 대청
이다.

안성향교
Anseong Hyangkyo Educational Institution

명륜당 현판
Detail of Meongryuntang Hall

명륜당
Meongryuntang Hall

화강암의 장대석으로 높게 쌓은 기단위에 건립한 정면 5칸, 측면 2칸의 건물이다. 중앙 3칸은 대청이고 양측면에는 온돌방인 협실이 있다.

양산향교
경남 양산
Yangsan Hyangkyo Educational Institution

　양산향교는 조선 태종 때 창건되어 이전하였다가
1744년에 현재의 위치에 건립하였다. 1909년 이후 신
교육의 도량으로 활용되고 있다.

풍영루(風詠樓)
Pungyeongru Pavilion

　정문루인 풍영루는 진입공간을 지나 위치하고 있으
며 정면 3칸, 측면 2칸의 2층 누각건물이다.

풍영루에서 본 강학공간과 명륜당
The view of Meongryuntang Hall

명륜당
Meongryuntang Hall

명륜당은 자연석 기단위에 정면 5칸, 측면 2칸의 팔
작지붕 건물이다.

대성전 정면
The front view of Taeseongcheon Hall

　대성전은 자연석 높은 기단위에 정면 3칸, 측면 3칸
의 맞배지붕 건물이다.

대성전 전경
The side view of Taeseongcheon Hall

자연석 주초위에 원형 기둥을 세웠다.

언양향교
Aeonyang Hyangkyo Educational Instiution

강학공간
Meongryuntang Hall and court

명륜당을 중심으로 동재와 서재가 강학공간을 형성
하고 있다.

대성전 배면
The rear view of Taeseongcheon Hall

대성전 정면
The front view of Taeseongcheon Hall

대성전
Taeseongcheon Hall

대성전 배면
The rear view of Taeseongcheon Hall

명륜당 ▶
Meongryuntang Hall

내삼문과 명륜당
Naesammun Gate and Meongryuntang Hall

명륜당
Meongryuntang Hall

자연석 기단위에 건립된 팔작지붕 건물이다.

脩業樓
永川國學學院
永川鄉校
儒道會永川支部

내삼문
Naesammun Gate

영천향교
경북 영천시 성내동, 1590년
대성전 보물 616호
Yeongcheon Hyangkyo Educational Institution
Taeseongcheon Hall Treasure No. 616

영천향교는 조선 연산군 시대에 초창되어 중종때 중
수하였다. 현재의 건물은 임진왜란 때 불타 없어진 것
을 광해군때 중수하였다.

명륜당과 중정
Meongryuntang Hall and court

출입구 상세
Detail of gate

대성전
Taeseongcheon Hall

대성전은 3단의 기단위에 세워진 정면 5칸, 측면 3칸의 건물이다. 전면 1칸은 퇴가 형성되지 않은 전퇴개 방형이다.

익산향교 대성전

Taeseongcheon Hall of Iksan Hyangkyo

　익산향교 대성전은 자연석 기단위에 세워진 정면 3
칸, 측면 3칸의 맞배지붕 건물이다.

대성전 전면
Column and base of Taeseongcheon Hall

전면 1칸을 개방한 전퇴개방형 건물이며 좌우의 우
주는 기둥 하부에 별도의 석재를 사용하고 있다.

대성전 출입문
The gate to Taeseongcheon Hall

명륜당과 대성전
Meongryuntang Hall and Taeseongcheon Hall

명륜당 현판
The tablet of Meongryuntang hall

명륜당
Meongryuntang Hall

정문
Entrance Gate

소슬대문이다.

◀장수향교
전북 장수군 장수리, 1407년 건립
대성전 보물 275호
Chansu Hyangkyo Educational Institution
Taeseongcheon Hall Treasure No. 275

장수향교는 조선 태종 7년에 창건되어 숙종 11년에
현재 위치에 건립되었다. 덕유산의 산줄기가 뻗어 내
린 장안산과 서쪽의 팔공산으로 에워쌓인 곳에 자연의
지세와 어울려 배치되어 있다.

대성전
Taeseongcheon Hall

내삼문안에는 정면 3칸, 측면 4칸의 대성전이 위치
하고 있다.

大雄殿

대성전 정면
The front view of Taeseongcheon Hall

대성전
Taeseongcheon Hall

  대성전은 정면 3칸, 측면 4칸의 맞배지붕으로 되어
있으며 전면 1칸은 개방하여 공간의 깊이를 느끼게 해
주는 전퇴개방형이다.

대성전 우주(隅柱)
Detail of corner column

화강암으로 가공한 2단의 원형 주초위에 기둥을 세
웠다.

명륜당
Myeongryuntang Hall

　명륜당은 임진왜란 당시에도 전화를 입지 않은 건물
로 정면 4칸, 측면 2칸의 팔작지붕 형태이다.

명륜당 배면 및 측면 ◀
The rear side view of Myeongryuntang Hall

명륜당 중앙 대청 ▶
The wooden flooring of Myeongryuntang Hall

기둥 하부에 마루귀틀을 짜 맞추고 마루머름위에 기
둥이 올라탄 특이한 형태이다.

전주향교 대성전
Cheonchu Hyangkyo Educational Institution

　전주향교는 고려말 초창되어 여러 차례 이건되었다
가 선조 36년에 현재의 위치로 이건하였다.

일월문(日月門)
Ilweormun Gate

전주향교의 중문이며 이문을 지나면 대성전이 위치
한다.

대성전 후면
The rear side of Taeseongcheon Hall

서무
Seomu Hall

　정교하게 가공된 장대석 기단위에 원형 주초가 놓이
고 그 위에 기둥을 세웠다.

전주향교 대성전
Taeseongcheon Hall

현재의 대성전 건물은 1907년에 중건하였으며 정교
하게 가공된 화강암의 장대석 기단위에 세워진 정면 3
칸, 측면 2칸의 건물이다.

청주향교의 진입공간
Entrance area

숲으로 형성된 진입공간을 지나면 정문이 보인다.

삼립문(三立門)
Samripmun Gate

청주향교의 정문이다.

청주향교
충북 청주
Cheongchu Hyangkyo Educational Institution

내삼문에서 바라 본 대성전
The view of Taeseongcheon Hall from Naesammun Gate

석축계단 뒤로 대성전이 보인다.

대성전
Taeseongcheon Hall

정면 3칸, 측면 3칸의 맞배지붕 건물이며 전면 1칸
을 개방한 전퇴개방형이다.

제향공간
Taeseongcheon Hall and court

대성전을 중심으로 좌우에 동무와 서무가 위치하여
제향공간을 형성하고 있다.

대성전 배면
The rear side of Taeseongcheon Hall

대성전의 동무
Tongmu Hall of Taeseougcheon

대성전 문살
Door and its detail

명륜당 뒤에서 본 내삼문 ◀
Naesammun Gate from Meongryuntang Hall

대성전에서 본 내삼문 ▶
Naesammun Gate from Taeseongcheon Hall

정면 7칸, 측면 1칸의 맞배지붕 건물이다.

◀ 명륜당
Meongryuntang Hal

　명륜당은 높은 석축 기단위에 정면 5칸, 측면 3칸으
로 되어 있다.

명륜당 뒷편 오른쪽의 오솔길

◀ 명륜당 후면
The rear side of Meongryuntang Hall

오른쪽에서 본 명륜당 배면
The near area of Meongryuntang Hall

함안향교
Haman Hyangkyo Educational Institution

　1939년에 초창하였으며 1600년 이후에 현 위치에
재창하고 중건하였다. 한때는 영남의 3대 향교중 하나
였으며 전국에서 8대 향교에 속하였다.

대성전
Taeseongcheon Hall

높은 단위에 대성전이 위치하고 있다.

대성전 전경
Taeseongcheon Hall

대성전은 정면 3칸, 측면 2칸의 맛배지붕 건물이다.

명륜당
Meongryuntang Hall

　명륜당은 1958년에 중건하였으며 정면 5칸, 측면 2
칸의 팔작지붕 건물이다.

서 원

서악서원
Seoak Seoweon Private Educational Institution

조선 명종 16년 경주 부윤 이공정과 유림들이 김유신, 설총, 최치원등 3현을 제향하기 위하여 건립되었으며 퇴계가 친필로 서악정사라 명하였다. 이후 여러 차례 재난을 거쳐 현재에 이르고 있다.

영귀루(詠歸樓) ▶
Yeongkwiru Pavilion

외삼문을 들어서면 2층 건물의 누각이 있는데 정면 5칸 측면 1칸으로 이루어져 있다. 일반적으로 누각이 1층은 문이고 2층은 누각인 경우가 대부분이나 서악서원은 필로티 형식의 구조로 누각의 기능만 수행하고 있다.

강당과 강학공간
Kangtang Hall and court

　누각을 지나면 정면에 강당이 위치하고 좌우에 동재
와 서재가 위치하고 있어 강학공간을 형성하고 있다.

강당내부
Inside of Kangtang Hall

 강당은 정면 5칸 측면 3칸으로 이루어져 있는데 중앙 3칸은 대청으로 되어 있다.

석물
Stone monument

 강당과 동재, 서재를 연결하는 길목에 석물을 두어 단차를 적게 하는 지혜를 발휘했다.

윤구암 선생 비각
The pavilion for a monument of Yun-kuam

전사청
Cheonsacheong Hall

전사청은 제향시 제수를 마련하는 건물로 서악서원
은 정면 2칸, 측면 1칸의 건물이다.

도동서원
경북 달성군 구지면 도동
1604년, 보물 350호
Totong Seoweon Private Educatioal Institution
1604. A.D. Treasure No. 350

　도동서원은 조선조 대유학자 김굉필을 제향하고 그
의 덕행 도학을 교육의 지표로 삼아 선비들의 수학에
이바지할 목적으로 선조원년에 창건되었으며 정유재
란으로 피해를 입은 다음 선조 37년에 중건하였다.

정문 누각인 수월루(水月樓) 현판
The Tablet of Suweorru Pavilion

수월루 정문
The gate of Suweorru Pavilion

153

중정당(中正堂)
Chungcheongtang Hall

중정당은 도동서원의 강당으로 정면 5칸, 측면 2칸
의 맛배지붕 건물이다.

강당내부
Inside of Chungcheongtang Hall

강당의 좌우 1칸은 온돌방 구조의 협실이며 중앙 3칸은 대청으로 되어 있다.

정면의 보호수

강학공간
Main Area of Totong Seoweon

  강당을 중심으로 동재인 거인재(居仁齋)와 서재인
거의재(居義齋)가 강학공간을 형성하고 있다.

외삼문
Oesammun Gate

강당 배면
The Rear side of Kangtang Hall

강당초석
Column and base

자연석의 장대석을 초석으로 사용하고 있다.

강당측면
The side view of Kangtang Hall

　　장대석 기단 위에 자연석을 정교하게 맞추어 온돌방
을 만들었다.

가구 구조
Detail of eaves structure

굴뚝
Chimney

소수서원

경북 영풍군 순흥면, 1543년

사적 55호

Sosu Seoweon Private Educational Institution

1543 A.D. Historical Site No. 55

　소수서원은 고려시대 명신이자 학자인 안유를 제향
하기 위하여 건립된 서원으로 우리나라에서 가장 오래
된 서원이다. 처음에는 백운동서원이라 칭하였으나 퇴
계 이황이 명종5년에 소수서원이라는 사액을 받음으로
써 소수서원이 되었다. 본래 이 자리는 숙수사(宿水寺)
라는 큰 절이 있던 자리이다.

입구에서 본 사당과 강당
Satang Shrine and Kangtang Hall

좌측이 내삼문, 안쪽이 사당이고 우측이 강당이다.

영경각
Yeongkeongkak Hall

명륜당 귀공포
Column top ornanmentation of Meongryuntang Hall

명륜당
Meongryuntang Hall

직방제
Chikpangche Hall

지락제
Chirakche Hall

도산서원 정문
Chintomun Gate

도산서원
경북 안동군 도산면 토계리, 1574년
사적 170호
Tosan Seoweon Private Educatioal Institution
1574 A.D. Historical Site No. 170

　도산서원은 선조7년에 퇴계 이황의 업적을 기리기
위하여 그가 강학하던 도산서당의 자리에 상덕사라는
사묘를 지음으로써 건립되었다. 이후 동서재가 건립되
고 1575년 사액 서원이 되었다.

전교당
Cheonkyotang Hall

　도산서원의 중심공간으로서 향교와 같이 건물 좌우
로 각각 동재와 서재를 두었으며 구성상 좌우대칭을
이루고 있다.

전교당 내부
Inside of Cheonkyotang Hall

도산서원 편액
The Tablet of Cheonkyotang Hall

    1575년 한호의 글씨에 의한 편액과 더불어 사액서
원이 되었다.

전교당
Detail of Cheonkyotang Hall

전교당은 대청과 거실인 한존재(閑存齊)가 같이 있
다. 정면 4칸, 측면 2칸의 팔작지붕 건물로 계단 밑을
통하여 불을 피울 수 있게 되어 민가의 양식을 지니고
있다.

신도비 옆의 체인묘 전경
The pavilion for a monument of Sintopi and Cheinmyo

◀ 옥산서원
경북 월성군 안강읍 옥산
18세기
Oksan Seoweon Private Educational Institution

옥산서원은 조선 선조 5년에 경주 부윤 이제민이 이 언적을 제향하기 위하여 창건하였으며 1574년 사액서원이 되었다. 대원군의 서원 철폐령이나 임진왜란 때에도 피해를 입지 않았으나 일제말기 화재를 만나 옛 건물이 거의 소실된 후 복구되어 현재에 이르고 있다.

옥산서원 입구
Entrance Area

외삼문인 적락문(赤樂門)을 들어서면서 서원이 존
재한다.